小神童·科普世界系列

揭秘
元素周期表

林晓慧 ◎ 编著

Cu 铜

O 氧

Fe 铁

Ni 镍

Cd 镉

浙江摄影出版社
全国百佳图书出版单位

U0166151

有趣的元素周期表

我们的世界是由各种各样的元素构成的。科学家们让元素"排排坐"，组成了一张元素周期表。

俄国化学家门捷列夫在1869年发明了最早的元素周期表。门捷列夫发明的是短式表，还有长式表、特长表、平面螺线表和圆形表呢！

元素名人堂

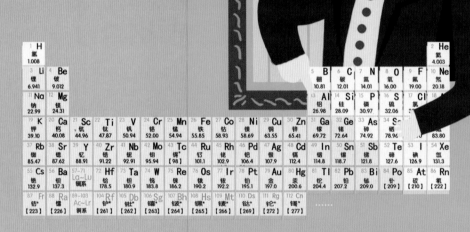

迄今为止，科学家们已经发现了118种元素。他们把这些元素放在一张表上，经过补充完善，组成了现在的元素周期表。

在元素周期表中，每一个方格里都住着一个独一无二的元素。每个元素都有自己的名字和化学符号。

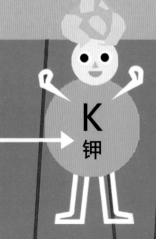

K
钾

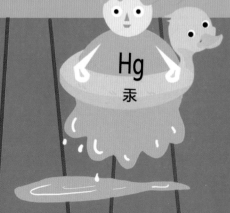

Hg
汞

英国化学家戴维是发现元素最多的科学家。他开创新方法发现了钾、钠、钡、镁、钙等多种金属元素。

大家好，我是门捷列夫，今天我来带大家了解元素周期表的奥秘吧。

99 号元素锿（Es），是为了纪念物理科学家爱因斯坦而命名的元素，它的全称是"Einsteinium"。

84	
Po	
钋	
209	

99	
Es	
锿	
252	

84 号元素钋（Po）由居里夫妇发现，是为了纪念居里夫人的祖国波兰而命名的元素。

O
氧

我是氧元素，我的化学符号是 O。

元素 "小精灵"

　　"住"在元素周期表里的元素，就像一个个可爱的小精灵。我们先大致了解一下它们吧！

　　嘿，大家好！我是元素小精灵，我的名字是"铝"，我来为大家介绍元素家族！

有一些元素喜欢以液态形式存在，比如汞元素。

一些元素，像氯元素，却常常是以气态形式存在的。

大多数元素在单独存在时是固态的，比如碳元素。

具有相同性质的元素常常被归类在一起，比如铁元素、钴元素和镍元素组成了磁性元素大家庭。

元素是同一类原子的总称，不同的原子组合会形成不同的物质。

碳原子

碳原子

碳原子

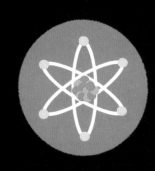

一个碳原子包含
- 6 个质子
- 6 个中子
- 6 个电子

一些物质可以由单一元素组成，像金子只含有金元素。

大多数元素只是混在一起，大家并没有"手拉手"结合，就形成了混合物。

有时候，几种元素会"手拉手"组合在一起，形成化合物。

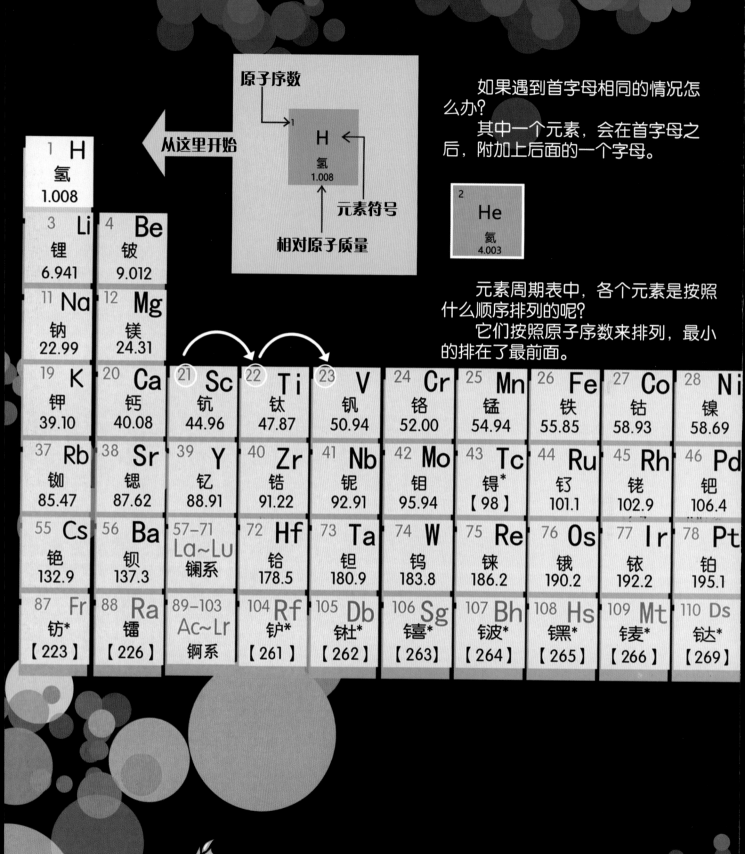

原子序数 →1

从这里开始

H
氢
1.008

元素符号

相对原子质量

如果遇到首字母相同的情况怎么办？

其中一个元素，会在首字母之后，附加上后面的一个字母。

2 He 氦 4.003

元素周期表中，各个元素是按照什么顺序排列的呢？

它们按照原子序数来排列，最小的排在了最前面。

你会使用元素周期表吗

别瞧这只是一张表，元素周期表用处可不小。
快来学一学，如何使用元素周期表吧！

元素

每个方格是一个元素的"家"。瞧，这些符号就是元素的名字。

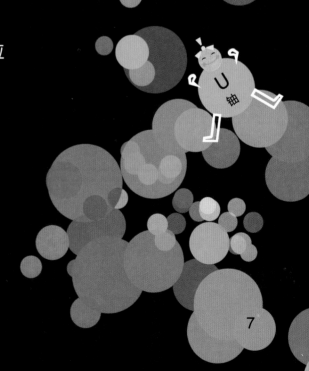

					2 He 氦 4.003
5 B 硼 10.81	6 C 碳 12.01	7 N 氮 14.01	8 O 氧 16.00	9 F 氟 19.00	10 Ne 氖 20.18
13 Al 铝 26.98	14 Si 硅 28.09	15 P 磷 30.97	16 S 硫 32.06	17 Cl 氯 35.45	18 Ar 氩 39.95
29 Cu 铜 63.55	30 Zn 锌 65.41	31 Ga 镓 69.72	32 Ge 锗 72.64	33 As 砷 74.92	34 Se 硒 78.96
47 Ag 银 107.9	48 Cd 镉 112.4	49 In 铟 114.8	50 Sn 锡 118.7	51 Sb 锑 121.8	52 Te 碲 127.6
79 Au 金 197.0	80 Hg 汞 200.6	81 Tl 铊 204.4	82 Pb 铅 207.2	83 Bi 铋 209.0	84 Po 钋 【209】
111 Rg 铼* 【272】	112 Cn 鿔* 【277】				

35 Br 溴 79.90	36 Kr 氪 83.80
53 I 碘 126.9	54 Xe 氙 131.3
85 At 砹 【210】	86 Rn 氡 【222】

· · · · · ·

铁 Fe

大多数元素的符号，会采用拉
丁文名称的首字母哦！

7

看看谁会爆炸

有些金属元素"脾气大"，碰着其他物质反应很强烈。

有些金属元素"脾气大"，容易与其他物质产生反应。在这个区域，你能找到它们。这类金属元素富有光泽，性格活泼，被称为"活泼金属元素"。

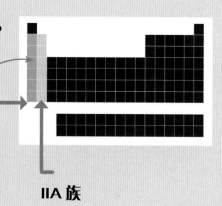

IA 族

IIA 族

K
钾

这些元素遇到水，别提有多激动了！

铯（CS）碰到水，"气不打一处来"，会发生爆炸！

钾（K）的化学性质很活泼，遇水即燃，释放热量。

Cs
铯

不同的活泼金属元素，能释放不同颜色的火焰。

这些金属元素，可以用来制作五彩的烟花，真漂亮！

Ba
钡

Ca
钙

Rb
铷

Li
锂

什么元素有磁性

铁、钴、镍这三种元素，具有一种神奇的魔力——磁性。

磁性究竟是什么呢？
矿物的磁性指的是矿物受外磁场吸引或排斥的性质。磁铁就能够产生磁性哦！

铁锅、铁勺、铁丝……铁是我们生活中常见的金属。

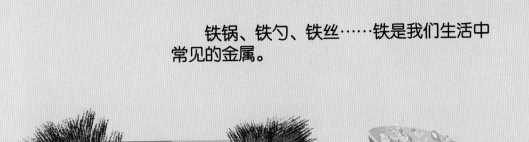

用磁铁靠近铁屑，你会发现，铁屑自动跳到磁铁身上去了！

陨石中含有一定量的镍（Ni），当陨石落到地面时，镍元素就留在了地球。

镍是一种银白色的金属，它所具有的磁性叫作铁磁性。瞧，镍能够被磁铁吸附。

我们常用的1元硬币里就有镍元素哦。

这种具有光泽的银白色金属叫作钴（Co）。

钴料烧成后呈蓝色，青花瓷中的蓝色就是由含有钴元素的物质形成的。

1150℃

钴也具有铁磁性。不过，当温度达到1150℃时，磁性会自动消失。

11

哪些元素硬邦邦

有不少元素有着坚硬的"身体"。它们的"皮肤"也很有光泽！

自然界里硬度最大的金属是哪种呢？
它就是金属铬（Cr）。

元素周期表里，有一大片区域的金属元素的单质坚硬、有光泽，它们就是"过渡金属元素"。

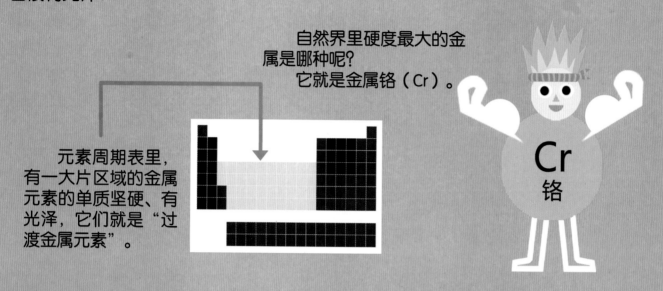

钒（V）是银灰色的金属，它也十分坚硬。

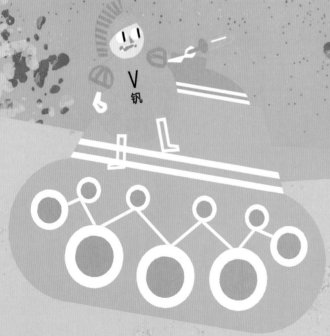

钒钢就是以钒为主要合金元素或钒起重要作用的合金钢。用钒钢制作的穿甲弹，能够射穿40厘米厚的钢板呢！

你能想象吗？锰钢刀竟然能劈开铁刀！

纯净的金属锰（Mn），硬度还没有铁高；但是，含有杂质的锰，却可以变得又硬又脆！

Mn
锰

在已知的所有金属中，钨是最耐高温的。钨可以被制作成灯泡里的钨丝。

钨（W）的硬度很大，还可以用来制作成坚硬的枪炮呢！

W
钨

这些元素真鲜艳

金属有各种各样的颜色。其中，不少金属拥有迷人的色彩。

金属镉（Cd）可以用来制作颜料哦。瞧，颜料五颜六色，真好看！但要小心，有些镉的化合物有剧毒！

宝石为什么有色彩？因为它们当中含有致色元素。这些致色元素通常是过渡金属元素。

石榴石化学成分较为复杂，不同元素构成不同的组合，常见的有镁铝榴石，其含铬和铁元素而呈紫红、血红和褐红色等。

这是娇艳翠绿的沙弗莱石，它含有微量的铬和钒元素。

铌（Nb）和氧（O）相遇，会发生神奇的化学反应。

瞧，它们产生了鲜艳的色彩！

钒元素既可以制造穿甲弹，又是具有变色效应的宝石中常含有的元素。

含有金元素的金子，在阳光下闪闪发光！

它们是 "可塑之材"

不少金属是硬邦邦的，但其实，还有很多金属元素是很柔软的。

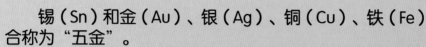

锡（Sn）和金（Au）、银（Ag）、铜（Cu）、铁（Fe）合称为"五金"。

锡非常柔软，用小刀就能切开。生活中，用来烧烤的锡箔纸，可以用锡来制作。

Au
金

Ag
银

Sn
锡

Fe
铁

Cu
铜

纯铜刚切开时，是西柚般的红橙色，散发光泽。铜的"身体"很柔软，随意地延伸展开对它来说是"小菜一碟"。

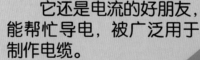

Cu
铜

它还是电流的好朋友，能帮忙导电，被广泛用于制作电缆。

Ga
镓

Sn
锡

铅（Pb）同样有着柔软的"身体"，可以做出各种各样的姿势，而且它还能抵抗腐蚀和辐射，含有铅的防护服能够在特殊的场合保护人们。

Pb
铅

Sb
锑

但是，铅也有毒性，会污染水资源。

还有很多金属，比如镓（Ga）、锑（Sb）、铟（In）等，也很柔软，都是金属中的"可塑之材"！

In
铟

有毒的金属元素

许多金属元素都被应用到日常生活中，成为我们的好帮手。但是，也有一些金属元素是有毒的"坏蛋"。

如果你不小心接触到金属铬（Cr），你可得注意啦！它可是个会挠你痒痒的"小怪兽"。金属铬会刺激人体的皮肤，让人感到全身瘙痒，引发皮炎、湿疹等疾病。

好痒！

镉（Cd）能用来制作鲜艳的绘画颜料，但镉污染也会导致人体中毒，患上"痛痛病"。

铊（Tl）的化合物曾经被用来制作老鼠药。后来，人们发现铊对人有巨大毒性，含铊的老鼠药就被禁止使用了。

在日常的温度下，汞是唯一一种液态的金属。如果体温计等含有汞的物品不小心打碎，汞流出来，容易蒸发。

汞（Hg）也就是平常我们说的水银，相信你在体温计、血压计里都见过它。

汞（Hg）变成汞蒸气，被吸进人体内，对人体健康是很大的威胁！

好痛！

铅（Pb）中毒时，人体可就遭殃了，会出现头疼、记忆力减退等症状。

钋（Po）是世界上毒性最强的元素之一，非常危险！

非金属元素大家庭

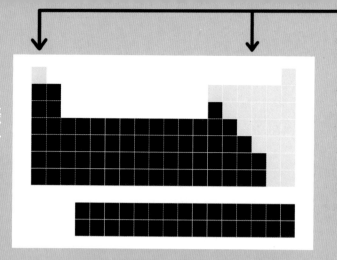

除了众多的金属元素，元素周期表里还分布着非金属元素。一起来认识一下它们吧！

非金属元素尽管不像金属元素那样耀眼，但它们也在发挥着不可或缺的作用。

氧（O）元素是我们的亲密伙伴，无论动物还是植物的生存都离不开氧气。

和氢气一样，氧气也是无色无味的气体。

氧元素除了能组成氧气（O_2），还能形成臭氧（O_3）。

在所有化学元素中，非金属元素有 24 种。除了氢，其他非金属元素都排在元素周期表的右侧和上侧。非金属元素的大家庭里，有 22 种天然元素，还有 2 种人工合成元素。

氢也是宇宙中含量最多的元素哦！

氢（H）正如它的名字一样，是最轻的元素，排在了元素周期表的第一位。氢气无色无味。

碳（C）在大自然中很常见。闪耀炫目的钻石、毫不起眼的石墨……其实都是由碳组成的。

卤族元素是什么

你听说过卤族元素吗？它们是一群特殊的元素，有着相似的特性，却又各不相同。

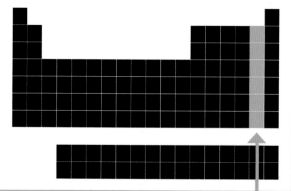

卤族元素在元素周期表上处于同一列，简称为卤素。为什么说它们特别呢？因为卤族元素是唯一一列固体、液体、气体都有的元素呀！

氟（F）可活泼啦，经常调皮捣蛋，和身边的物质发生反应。

F
氟

适量的氟对人体有益，氟化物能够预防龋齿哦！

经过氯气的消毒作用，自来水变干净了。常用的消毒剂，如漂白粉、消毒液等，也含有氯（Cl）。

ELEMEM

I
碘

在海水中和鱼虾的身体里，都能发现碘（I）的身影。

溴（Br）也是种厉害的元素，它可以像一座"防火墙"一样，阻止燃烧。

溴还可以用来染色，它可以把罗马人的长袍染成漂亮的紫色呢。

碘是种不走寻常路的元素，加热到一定温度后，它会直接从固体变成气体哦！

稀有气体有哪些

稀有气体，光听名字就不一般，它们都有哪些性质呢？它们之间又有什么差别？

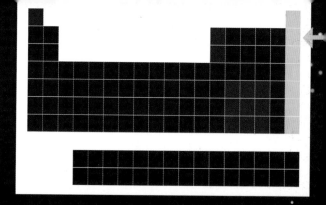

给稀有气体通电，它们就会发出漂亮的荧光哦！

在霓虹灯中，我们往往能找到氖的身影。

Ne
氖

Kr
氪

氪在古希腊语中的意思是"隐藏"。

Ar
氩

氩气常常被当成双层玻璃之间的填充物，因为它不易导热，能保温。

元素周期表最右边一列元素，被称为稀有气体。稀有气体都是"内向的孩子"，它们很不活泼，很少和其他元素发生化学反应。

恭喜，优秀的氙气被推选为空间探测器的燃料。

氦气很轻盈，比氧气要轻许多，所以氦气球可以飞上天空。

地壳中含有放射性元素的岩石不断地向四周释放氡气。

25

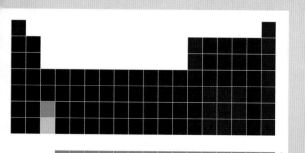

特殊位置的元素

全体注意！神秘的稀土元素和放射性元素来啦！它们在自然界中比较稀有，但对人类的发展起着不可替代的作用，不过千万小心，放射性元素可是危险分子。

放射性元素分布在元素周期表的底部，它们稀少却危险。

上面一行的开头是镧（La），所以叫作镧系元素。

下面一行的开头则是锕（Ac），所以叫作锕系元素。

它们的原子核很不稳定，会释放出危险的射线。

铀（U）是最早被发现的放射性元素，是锕系元素的一员。世界上第一颗原子弹就是铀元素制成的。

钕（Nd）做成的磁铁，具有超强磁力，它像个大力士，能吸附比自己重得多的物品。

锕的放射性很强，只有特殊
的密闭工作箱能够关住它。

水遇上锔元素，很
快就会沸腾起来。

放射性元素只有经历了放射性衰变后没有放
射性了，才会变安全。

责任编辑　卞际平
文字编辑　袁升宁
责任校对　朱晓波
责任印制　汪立峰

项目策划　北视国
装帧设计　北视国

图书在版编目（ＣＩＰ）数据

揭秘元素周期表 / 林晓慧编著. -- 杭州 ： 浙江摄影出版社 ， 2022.1
（小神童·科普世界系列）
ISBN 978-7-5514-3637-3

Ⅰ . ①揭… Ⅱ . ①林… Ⅲ . ①化学元素周期表－儿童读物 Ⅳ . ① 06-49

中国版本图书馆 CIP 数据核字 (2021) 第 241332 号

JIEMI YUANSU ZHOUQIBIAO

揭秘元素周期表

（小神童·科普世界系列）

林晓慧　编著

全国百佳图书出版单位
浙江摄影出版社出版发行
　　地址：杭州市体育场路 347 号
　　邮编：310006
　　电话：0571-85151082
　　网址：www.photo.zjcb.com
制版：北京北视国文化传媒有限公司
印刷：唐山富达印务有限公司
开本：889mm×1194mm　1/16
印张：2
2022 年 1 月第 1 版　　2022 年 1 月第 1 次印刷
ISBN 978-7-5514-3637-3
定价：39.80 元